LA
MATIÈRE ET LES FORCES
DE LA NATURE

PAR

D. BRISSET

PROFESSEUR HONORAIRE DE MATHÉMATIQUES
DU LYCÉE SAINT-LOUIS

————— ✦ —————

PARIS

H. DUNOD & E. PINAT, ÉDITEURS
49, QUAI DES GRANDS-AUGUSTINS, 49

1910

LA

MATIÈRE ET LES FORCES

DE LA NATURE

LA

MATIÈRE ET LES FORCES

DE LA NATURE

PAR

D. BRISSET

PROFESSEUR HONORAIRE DE MATHÉMATIQUES
DU LYCÉE SAINT-LOUIS

———— ➤●◄ ————

PARIS

H. DUNOD & E. PINAT, EDITEURS

49, QUAI DES GRANDS-AUGUSTINS, 49

—

1910

LA

Matière et les Forces de la Nature

INTRODUCTION

> Dire que chaque espèce de choses est
> douée d'une qualité spécifique occulte par
> laquelle elle agit et produit des effets
> manifestes, c'est ne rien dire. Mais
> exprimer deux ou trois principes géné-
> raux tirés des phénomènes et, ensuite,
> montrer comment les propriétés et actions
> de toutes les choses matérielles découlent
> de ces principes ce serait faire un grand
> pas en philosophie.
>
> NEWTON, *optique.*

Depuis longtemps je cherche par quel mécanisme deux corps, isolés dans l'espace, agissent
l'un sur l'autre, et s'attirent en raison directe de
leurs masses et en raison inverse du carré de
leur distance.

Après avoir trouvé la solution exposée dans

les premières pages de cet opuscule, j'ai pensé
que si les hypothèses qui sont à sa base donnent
une image approchée de la structure de l'univers, ces mêmes hypothèses doivent, également,
donner l'explication mécanique de tous les phénomènes analogues.

C'est ainsi que j'ai été conduit à agrandir mon
cadre primitif.

Le travail que je présente, aujourd'hui, au
public, est le développement de deux articles
que j'ai publiés, il y a quelques mois, dans la
Revue Scientifique. Dans ce travail je me propose de faire connaître une nouvelle conception
ou théorie des causes premières qui produisent
les grands phénomènes de la nature. Cette théorie admet à sa base un petit nombre d'hypothèses qui se réduisent, simplement, à la constitution de l'éther et à celle de la matière pondérable ;
elle ne peut être soumise au contrôle direct de
l'expérimentation qui ne peut viser l'atome pondérable et les phénomènes dont cet atome est le
théâtre.

Sa validité exige qu'elle ne soit en contradiction avec aucun des phénomènes de la nature.

Cette validité s'affirmera par le nombre et la
qualité des faits dont elle donnera l'explication,
par l'utilité qu'elle présentera au point de vue
de la science et de l'enseignement,

Créée pour rendre compte du phénomène de la gravitation, j'ai constaté qu'elle s'adaptait, sans difficulté, à l'interprétation mécanique des lois d'attraction ou répulsion électriques.

Sans nécessiter aucune modification, elle a donné l'explication de phénomènes que j'étais loin de croire sous sa dépendance. Je veux parler de la *masse et de l'inertie des corps* ; elle a indiqué le mécanisme de la conduction électrique, celui de tous les phénomènes qui se rapportent à l'influence ; elle montre que le potentiel, en un point, est la pression de l'éther en ce point, et que les surfaces équipotentielles sont des surfaces de niveau ou d'égale pression ; elle dévoile la nature de la force électromotrice, des lois de Ohm, montre que l'induction est la forme dynamique des lois d'influence, etc.

Il y a, cependant, une classe de phénomènes que la théorie n'atteint pas, je veux parler des phénomènes moléculaires ; pour faire rentrer ces phénomènes sous sa dépendance quelques hypothèses complémentaires seraient nécessaires précisant la manière d'agir des forces qui prennent naissance dans l'atome ou autour de l'atome.

La théorie que je propose présente un caractère de simplicité et d'unité qu'il est bon de remarquer. Le principe de toutes les forces

réside dans la pression de l'éther, cette explication est beaucoup plus conforme à l'idée
que nous nous faisons de la matière que celle
qui emmagasine dans l'atome les forces en
vertu desquelles il agit depuis l'origine des
temps.

Par les forces et les courants d'électricité
que détermine la désintégration de l'éther, notre
théorie corrobore la théorie d'Ampère sur le
magnétisme en montrant la provenance des courants qui circulent dans les atomes et de la force
qui les entretient ; elle vient, également, en
aide à la théorie cinétique des gaz dans laquelle
on voit des atomes matériels subir des chocs en
nombre infini, entr'eux et contre les parois des
vases qui les renferment, sans que leur vitesse
éprouve, dans le temps, un affaiblissement quelconque, alors que le frottement contre les parois
d'un tube suffit à diminuer, dans de fortes pro-
portions, leur vitesse de circulation à travers ce
tube.

Bien que la théorie nouvelle que je propose
ne résolve pas, entièrement, le mécanisme de
l'univers, elle suffira, je l'espère, à montrer que
ce mécanisme peut être conçu sous des traits
d'une admirable simplicité et qu'il n'était point
téméraire, à l'heure actuelle, de chercher à le
déduire des observations accumulées par les

savants des siècles passés et des lois qui résument ces observations.

Ma méthode d'exposition est très simple ; je cherche d'abord quelles doivent être la nature de l'éther, celle de l'électricité et celle de l'atome pondérable ; puis, à propos de chacun des phénomènes qui dépendent de la théorie, je me demande comment vont se comporter les éléments en présence.

Le lecteur contrôlera aisément l'exactitude de mes déductions ; il verra, en outre, si les mécanismes qui relient les phénomènes aux hypothèses présentent ce caractère de simplicité et de généralité qui caractérise les lois de la nature.

S'il en est ainsi, j'espère que le présent travail donnera quelques satisfactions aux amis de la science désireux de pénétrer, toujours plus avant, les ressorts cachés de la nature.

CHAPITRE PREMIER

L'ÉTHER

1. — Matière impondérable

CONSIDÉRATIONS GÉNÉRALES. — Tous les savants qui se sont occupés de trouver la cause des lois de l'univers ont admis l'existence d'un milieu indéfini qui relie, les uns aux autres, tous les corps qui le composent et détermine leurs rapports réciproques ; ce milieu est l'éther.

Si tous les savants sont d'accord pour admettre l'existence de l'éther, il n'en est plus de même lorsqu'il s'agit de lui assigner les propriétés qui le caractérisent.

Pour déterminer ces propriétés nous considérerons deux faits principaux soumis au contrôle de l'observation.

I. — *Les Corps se meuvent dans l'éther et aucun d'eux n'éprouve sa résistance.*

II. — *La force de gravitation se transmet dans l'espace avec une vitesse infinie.*

a) Si les planètes éprouvaient la résistance de l'éther dans leurs mouvements de révolution autour du soleil, cette résistance serait, toujours, directement opposée à la vitesse qui les entraîne sur leurs orbites ; elle introduirait donc, dans leurs trajectoires, des inégalités qui en modifieraient les éléments.

Or, depuis les plus anciennes observations rien n'a permis de constater une inégalité due à cette cause.

Nous concluons de ce qui précède que l'éther n'oppose aucune résistance appréciable au mouvement des astres de notre système planétaire, si, toutefois, on considère des révolutions complètes (1).

Cette conclusion nous paraît exiger que l'éther ait une structure granulaire et qu'il soit dénué de masse.

b) Si la propagation de l'attraction qu'exerce le soleil sur une planète s'effectuait avec une vitesse finie, cette vitesse se composerait avec celle qui entraîne la planète sur son orbite ; dès

---

1. Dans le cours d'une révolution, il en est autrement ; l'inertie de l'éther absorbe une partie de l'énergie du corps lorsque son mouvement se ralentit et la lui restitue lorsque ce mouvement s'accélère (3).

lors la ligne d'attraction serait déplacée et ne serait plus dirigée vers le centre du soleil. Or, les observations astronomiques n'ont jamais constaté un pareil déplacement.

Laplace a démontré dans la *Mécanique Céleste* que si le déplacement de la ligne d'attraction d'une planète par le soleil est de l'ordre de grandeur des erreurs d'observation, la vitesse de transmission de la force de gravitation doit être supérieure à cinquante millions de fois la vitesse de la lumière. Adams a, depuis, révisé les calculs de Laplace et réduit à vingt millions le nombre qui précède.

Quoi qu'il en soit, de pareilles vitesses reviennent à dire que la transmission de la force de gravitation est instantanée dans toute l'étendue du système solaire.

Nous venons de dire que l'éther doit être formé de grains très petits et dénués de masse ; si ces grains étaient isolés ou placés à des distances pouvant varier sans que le déplacement de l'un d'eux entraînât le déplacement de tous les autres, s'ils n'étaient pas totalement dénués d'élasticité, une pression exercée sur l'un de ces grains ne se transmettrait aux autres que dans un temps plus ou moins long ; si, au contraire, les grains qui composent l'éther sont pressés les uns contre les autres par une force qui les constitue en un groupement assimilable à un corps solide ; si, de plus, ces grains sont doués d'une dureté absolue, tout déplacement imprimé à l'un d'eux se répercute, au même instant, sur tous les autres.

Nous sommes, ainsi, conduits à admettre que les molécules d'éther sont dépourvues d'élasticité et soumises à une pression qui en fait un bloc dont toutes les parties sont solidaires.

Maintenant que nous avons établi de quelles propriétés l'éther doit être doué pour remplir le rôle qui lui est assigné dans l'univers, nous allons développer les hypothèses sur lesquelles repose *La Matière et les Forces de la Nature*.

MATIÈRE. — La matière est tout ce qui occupe un volume dans l'espace et jouit de la propriété d'être impénétrable. La masse n'est pas un attribut essentiel de la matière et nous admettons l'existence d'une matière impondérable servant, comme la matière pondérable, de support aux forces et les transmettant ou modifiant d'après les règles de la mécanique.

ÉTHER. — L'éther est un fluide formé de molécules sphéroïdes très petites, ces molécules sont solides, dénuées de masse et d'élasticité ; elles glissent ou roulent, sans frottement.

L'éther remplit l'espace et il s'y trouve soumis à une pression très élevée, la même en tous les points, que nous appelons sa *pression normale*.

Plus loin (6), nous verrons que le fluide éther est élastique, c'est-à-dire peut être entièrement chassé d'un espace par un autre corps (électricité) qui le refoule en exerçant sur lui une pression supérieure à la normale ; l'éther oppose à ce refoulement une résistance totale proportionnelle au volume abandonné ; il réoccupe ce volume dès qu'il redevient libre. Cette élasticité de l'éther modifie la pression normale et engendre des forces diverses.

ELECTRICITÉ. — Les molécules qui constituent l'éther ne sont pas indivisibles ; nous admettons que chacune d'elles peut, dans des circonstances déterminées, se désagréger en particules. Ces particules constituent l'électricité. L'électricité ne diffère de l'éther que par la forme et les dimensions moindres des particules qui la composent ; ces dimensions leur permettent de pénétrer, librement, dans les espaces intermoléculaires de l'éther. Là, elles se trouvent soustraites à la pression de ce fluide.

2. — Matière pondérable

ATOME PONDÉRABLE. — L'atome pondérable est une simple cavité ou alvéole sphérique creusée dans l'éther et remplie d'électricité.

La propriété caractéristique et essentielle de l'atome pondérable est d'être un centre autour duquel les molécules d'éther subissent une désintégration et se transforment en particules électriques ; cette désintégration se produit sur les molécules d'éther en contact avec le noyau qui remplit l'alvéole.

En se désintégrant, ces molécules forment une sorte de pellicule ou de cloison qui sépare le noyau électrique de l'éther. Cette pellicule, composée de grains d'éther en voie de désintégration obstrue les espaces intermoléculaires de l'éther et, dans les circonstances normales, maintient l'électricité dans l'alvéole.

Dans ces mêmes circonstances, l'électricité qui provient de la désintégration des molécules d'éther passe dans les espaces intermoléculaires de ce fluide et abandonne, ainsi, l'atome pondérable au lieu où elle a pris naissance, tandis que cet atome et la pellicule qui l'entoure poursuivent leur mouvement de gravitation dans l'espace.

L'ATOME EST UN CENTRE D'ATTRACTION. — L'éther disparaissant à la surface d'un atome pondérable, détermine dans le fluide, autour de l'atome, une dépression proportionnelle au volume d'éther disparu. Si on représente par M le volume d'éther détruit pendant l'unité de temps

à la surface de l'atome, un flux d'éther de volume
égal à M traverse, pendant ce même temps, la
surface de chacune des sphères concentriques à
cet atome, et, on doit admettre que ce flux produit, sur chacune des unités de surface de la
sphère traversée, une poussée centripète p, proportionnelle au volume d'éther qui traverse
cette unité. La poussée p, exercée sur l'unité de
surface de la sphère concentrique de rayon R,
est donc : (K désignant un coefficient constant).

$$p = \frac{K.M}{4\pi R^2}$$

La poussée centripète p est la force qui fait
graviter, vers l'atome considéré, tous les autres
atomes pondérables de l'univers. Elle est :

1° Proportionnelle au volume d'éther que
l'atome pondérable détruit dans l'unité de temps ;

2° En raison inverse du carré de la distance
du point sur lequel elle s'exerce à cet atome
pondérable.

3. — Masse et inertie

Masse. — Si nous comparons l'énoncé, ci-des-
sus, de la loi d'attraction à l'énoncé bien connu
de la loi de la gravitation universelle, nous
voyons qu'il suffit, pour identifier ces deux

énoncés, de prendre pour le mot *masse* la définition suivante :

DÉFINITION. — *La masse d'un atome est le
volume d'éther que cet atome détruit dans l'u-
nité de temps.* — C'est cette définition que nous
adopterons. La masse d'un corps ne sera plus
une propriété intrinsèque de ce corps, elle sera
le résultat d'un phénomène.

INERTIE. — Le principal attribut de la masse
est l'inertie ; essayons d'en préciser le mécanisme dans le cas d'un atome pondérable.

Soit O le centre de cet atome que nous supposons animé d'un mouvement rectiligne, uniforme, dont la vitesse est *v*.

La dépression de
l'éther a la même
valeur sur toutes
les unités superfi-
cielles de l'atome
et elle est propor-
tionnelle à sa mas-
se ; en d'autres ter-
mes, l'éther agit sur
un atome animé
d'un mouvement
rectiligne, uni-

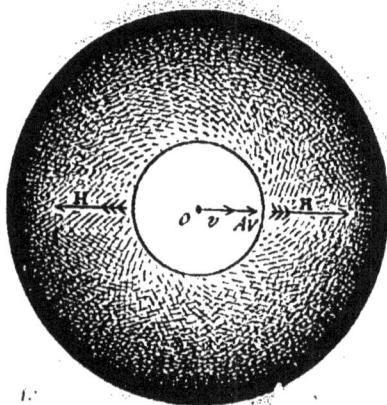

Fig. 1

forme comme il le ferait si cet atome était immo-
bile ; c'est un fait d'expérience. Cela posé, con-

sidérons les deux hémisphères de l'atome qui
ont pour base commune le grand cercle perpendiculaire à la direction de sa vitesse. Les
résultantes H,H' des dépressions de l'éther qui
agissent sur ces hémisphères sont égales, en
valeur absolue, directement opposées, et ont
pour direction commune celle de la vitesse v ;
elles sont proportionnelles à la masse M de l'a-
tome et se détruisent. Si, pendant l'intervalle de
temps très court Δt, la vitesse v de l'atome reçoit
l'accroissement Δv, l'hémisphère antérieur de
l'atome pénètre, pendant cet intervalle de temps,
dans une région où la pression croît d'autant
plus rapidement que H est plus grand. Pour ce
motif, l'éther oppose à l'accroissement de vitesse
de l'atome une résistance proportionnelle, à la
fois, à Δv, et à H, c'est-à-dire à M. Cette résistance est donc proportionnelle à :

$$M \frac{\Delta v}{\Delta t}$$

ou au produit de la masse par l'accélération.
Si Δv est négatif, l'éther oppose au mouvement
de l'atome une résistance de sens contraire ; il
le pousse par sa face postérieure et fait, ainsi,
obstacle à la diminution de sa vitesse.

On voit, par là, que l'inertie de la matière
est, en réalité, due à l'éther dont l'état de mouvement au lieu d'être concomitant à celui de

l'atome ne s'adapte que postérieurement à ses variations de vitesse.

REMARQUE. — La propriété que nous venons de signaler nous permettra, plus loin, d'expliquer pourquoi la transmission des vibrations lumineuses, dans l'éther, n'est pas instantanée.

CHAPITRE II

GRAVITATION UNIVERSELLE

4. — Lois de la gravitation

THÉORÈME. — *Deux atomes pondérables s'attirent en raison directe de
leurs masses et en raison in ·
verse du carré de leur distance.*

Soient : A,B ces deux atomes ; M, M' leurs masses. —
Concevons, tracée dans l'éther, la sphère qui
a pour centre le point A et pour rayon AB.

La poussée centripète que l'atome A détermine dans l'éther, rapportée à l'unité de surface,
a pour valeur au point B, sur la sphère A, à un
facteur constant près :

$$\frac{M}{AB^2}$$

Celle qui agit sur l'atome B et constitue la

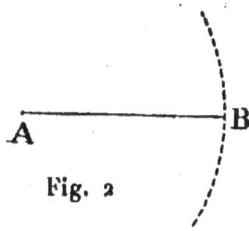

force d'attraction F, exercée par l'atome A sur l'atome B, a pour expression, K désignant une constante convenable :

$$(1)\ F = \frac{K.M}{AB^2}$$

La force d'attraction exercée par l'atome B sur l'atome A, a la même valeur absolue F, et le raisonnement précédent montre que K' désignant une nouvelle constante, on a :

$$(2)\ F = \frac{K'.M'}{AB^2}$$

Si nous rapprochons les expressions (1 et 2) de la force F, et si nous désignons par k une nouvelle constante, nous aurons :

$$F = \frac{k.M.M'}{AB^2}$$

Cette formule exprime la loi d'attraction de deux points pondérables et justifie la définition que nous avons donnée du mot *masse*.

LA VITESSE DE TRANSMISSION DE LA FORCE DE GRAVITATION EST INSTANTANÉE. — L'éther peut être assimilé à un liquide parfait, inélastique, contenu dans une sphère en caoutchouc de très grand rayon sur la surface de laquelle s'exercerait une pression centripète. Si, au centre de la sphère, des molécules s'anéantissent, elles sont immédiatement remplacées par des molécules voisines et toutes les molécules de la sphère s'avancent simultanément vers le centre, un peu à la manière d'une tige rigide, inélastique, dont les extrémités avancent ou reculent en même temps quand la tige se meut le long de sa direction.

5. — Mouvement des corps dans l'éther

LA MATIÈRE DANS L'ÉTHER. — Nous avons dit que l'éther remplit l'espace et que ses molécules sont maintenues au contact par la pression qui s'exerce sur ce fluide.

Les corps pondérables de l'univers sont formés d'atomes de forme sphérique, séparés par des espaces interatomiques dont les dimensions sont de l'ordre de grandeur des atomes, c'est-à-dire très grandes par rapport aux molécules d'éther.

Ces molécules poussées par la pression qui s'exerce sur l'éther circulent avec la plus grande facilité dans les espaces interatomiques qu'elles remplissent et ne perdent jamais le contact, quelque immenses que soient les corps pondérables qu'elles imbibent. Les atomes pondérables exercent, donc, sur l'éther qui les entoure, la même action de désintégration, que ces ato-

mes soient isolés dans l'espace ou situés dans
les profondeurs des corps célestes.

On conçoit, par ce que nous venons de dire,
comment la masse d'un atome pondérable peut
rester indépendante de la situation qu'il occupe
dans l'espace.

PASSAGE DES CORPS DANS L'ÉTHER. — Un corps
quelconque se réduit à un réseau d'atomes pondérables, dont les volumes, dans les circonstances normales, sont invariables. Ce réseau se
déplace dans un fluide dépourvu de masse dont
les molécules glissent ou roulent sans frottement
et se substituent les unes aux autres, sans ame-
ner aucun changement dans leurs tensions qui
ne dépendent que de la position des molécules
par rapport aux corps.

L'éther n'oppose aucune résistance au mouvement rectiligne et uniforme d'un corps et n'absorbe aucune fraction de son énergie. Ces con-
clusions s'étendent aux mouvements des planètes
sur leurs orbites si on considère des révolutions
complètes.

CHAPITRE III

ATTRACTIONS ET RÉPULSIONS ÉLECTRIQUES

6. — Tensions de l'éther autour d'un point électrisé

Volume normal. — Un atome pondérable a son volume normal lorsque, isolé dans l'éther, il n'exerce sur le fluide qui l'entoure d'autre action que celle qui résulte de la désintégration des molécules d'éther en contact avec sa surface.

État électrique d'un atome pondérable. — Si un atome a son volume normal, la charge ou masse électrique de cet atome est nulle et l'atome n'est pas électrisé.

Si le volume d'un atome est différent de son volume normal, cet atome est électrisé et l'excès, positif ou négatif du volume de l'atome sur son volume normal, constitue la charge ou masse électrique de l'atome.

ETAT DE L'ÉTHER AUTOUR D'UN POINT ÉLEC-TRISÉ. — Lorsqu'un atome reçoit une charge dont la valeur relative est M, son volume croît ou décroît de la valeur absolue de M, et toutes les couches sphériques de l'éther qui sont con-centriques à l'atome subissent une variation de volume dont la valeur relative est M. En parti-culier, celle dont le rayon est R prend un rayon R + h (h est positif ou négatif) et, si h est négli-geable par rapport à R, on a :

$$(1) \quad 4\pi R^2 h = M$$

L'éther, étant refoulé à la distance h, oppose à ce refoulement une résistance proportionnelle à h ; nous désignerons par p cette résistance, rap-portée à l'unité de surface, par E un coefficient constant que nous appellerons le coefficient d'é-lasticité de l'éther, nous aurons :

$$(2) \quad p = Eh$$

Si nous adoptons les unités du système élec-trostatique C. G. S. la valeur du coefficient E sera le nombre 4π et on aura :

$$(3) \quad p = 4\pi h$$

Des relations (1) et (3) nous déduisons :

$$p = \frac{M}{R^2}$$

Si la charge introduite dans l'atome est positive, le volume de l'atome augmente ; cet atome refoule l'éther ; lui imprime une poussée centrifuge et accroît sa pression.

Si la charge introduite est négative le volume de l'atome diminue ; l'éther, poussé par sa pression normale, afflue vers l'espace devenu libre ; une dépression se produit autour de l'atome et cette dépression se traduit par une poussée centripète. Toutes les couches d'éther concentriques à un atome chargé sont donc soumises à une poussée, centrifuge ou centripète, suivant que la charge de l'atome est positive ou négative ; cette poussée, rapportée à l'unité de surface, est proportionnelle à la charge de l'atome et en raison inverse du carré du rayon de la couche qui la subit.

Ces tensions de l'éther variables suivant la raison inverse du carré des distances constituent pour ce fluide un deuxième état d'équilibre ; dans le premier tous les points du fluide ont la même pression.

7. — Lois des actions électriques

Théorème. — Deux points électrisés se repoussent ou s'attirent en raison directe de leurs charges et en raison inverse du carré de leurs distances, suivant que les charges ont même signe ou des signes contraires. — Soient : (fig. 2) A, B, ces deux points; M, M' leurs charges que nous supposons, d'abord positives. Concevons, tracée dans l'éther, la sphère qui a pour centre le point A et pour rayon A B; la poussée centrifuge, déterminée dans l'éther par le point chargé A, rapportée à l'unité de surface, a pour valeur au point B, sur la sphère A :

$$\frac{M}{AB^2}$$

Celle qui agit sur le point matériel B et constitue la force répulsive F, exercée par le point A sur le point B, a pour expression K désignant une constante convenable :

$$(1) \quad F = \frac{K.M}{AB^2}$$

La force répulsive, exercée par le point B sur le point A a même valeur absolue F, et le raisonnement précédent permet d'écrire (K' désignant une nouvelle constante) :

$$(2) \quad F = \frac{K'M'}{AB^2}$$

Rapprochons les expressions (1) (2) de la force F ; choisissons, convenablement l'unité de force, il vient :

$$F = \frac{M.M'}{AB^2}$$

Cette formule démontre la loi dans le cas où nous nous sommes placés ; pour la démontrer dans les autres cas, il suffit de remarquer que si l'une des quantités M, M' change de signe, le sens de la force F change aussi, sa valeur absolue restant la même.

INDÉPENDANCE DES ACTIONS DE PLUSIEURS POINTS ÉLECTRISÉS SUR L'ÉTHER. — Si plusieurs points sont électrisés, chacun d'eux agit sur l'éther comme s'il était seul. La raison de ce fait est due à l'absolue dureté des molécules d'éther qui peuvent subir autant de pressions qu'on le voudra, provenant de points électrisés différents, sans se déformer.

CHAPITRE IV

INFLUENCE

8. — Corps conducteurs

Lorsque deux atomes pondérables sont en contact, ou ne sont séparés que par une mince couche d'éther, cette couche disparaît et les alvéoles des deux atomes communiquent par une ouverture plus ou moins grande. Si cette ouverture est suffisante pour que l'électricité puisse passer, librement, d'un atome à l'atome voisin, elle supporte la même pression dans ces deux atomes et l'éther qui les entoure a aussi la même pression sur toute la périphérie des deux atomes.

DÉFINITION. — *Un corps est bon conducteur de l'électricité lorsque tous ses atomes pondérables communiquent par des ouvertures suffisantes pour que, dans tous, l'électricité ait la même pression.*

Si cette condition n'est pas remplie ou ne l'est

qu'imparfaitement, le corps n'est pas conducteur de l'électricité ou n'est qu'un médiocre ou
mauvais conducteur.

L'ensemble des alvéoles de tous les points
d'un corps bon conducteur forme une cavité
unique dans laquelle l'électricité se trouve em-
prisonnée par la pellicule qui la circonscrit.

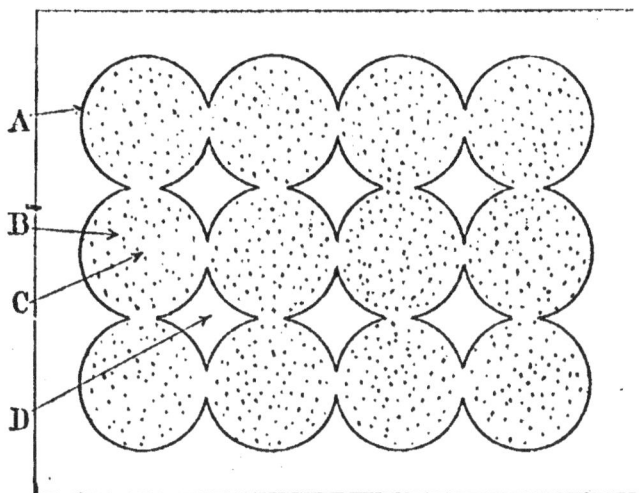

Figure 3. — Corps bon conducteur.
A, Pellicule. — B, C, Alvéole, Électricité. — D, Éther.

Dans un corps bon conducteur l'électricité a,
en tous les points, la même pression et cette
pression est, aussi, en ces points, celle de l'éther.
Les deux fluides sont soumis, lorsqu'ils sont
en équilibre, au principe de l'égalité des pressions en tous leurs points. L'éther, comme

nous l'avons vu plus haut (6), admet, autour d'un atome électrisé, un autre genre d'équilibre dans lequel les pressions dues à la charge de l'atome sont les mêmes en tous les points d'une sphère concentrique à l'atome, mais vont en décroissant à mesure que le rayon de la sphère concentrique croît.

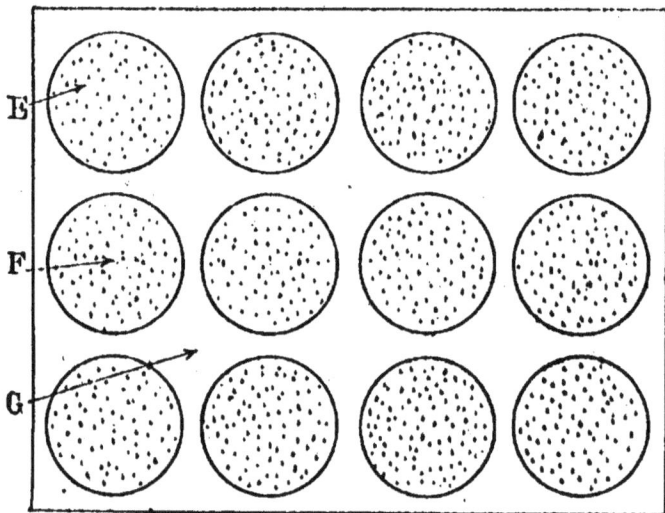

Figure 4. — Diélectrique.
E, F, Alvéole, Électricité — G, Éther

DIÉLECTRIQUE. — Dans un diélectrique les atomes pondérables sont isolés dans l'éther.

CONDUCTEUR ÉLECTRISÉ. — Un corps conducteur est électrisé lorsque tous ses points ou une partie seulement d'entre eux sont électrisés ; sa charge est la somme algébrique des charges de tous ses points. Si le conducteur est parfait l'électricité a la même pression en tous les points du conducteur et, par suite aussi, l'éther.

L'électrisation des corps est superficielle. Un certain nombre de faits montrent que, seules, les molécules superficielles d'un corps conducteur solide peuvent s'électriser. La raison de ce fait est due, probablement, à la force de cohésion qui s'oppose à l'accroissement de volume des atomes pondérables de ce corps.

9. — Phénomènes d'influence

PHÉNOMÈNE FONDAMENTAL. — Soient : A un conducteur électrisé positivement ; B un conducteur neutre isolé.

Le conducteur A est un centre de pressions dans l'éther ; ces pressions, supérieures à la normale, décroissent suivant la loi de la raison inverse des distances.

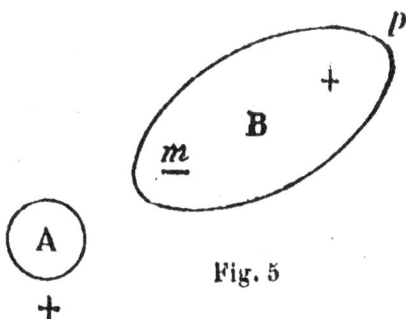

Fig. 5

Les atomes superficiels du conducteur B subissent, ainsi, dans la partie m, voisine de A, des pressions plus grandes que dans la partie p, plus éloignée. Ces pressions contractent les alvéoles des atomes pondérables en m, et l'électricité qui en est expulsée passe en p, où elle dilate les alvéoles de cette partie du conducteur,

Le conducteur B se charge, donc, négativement en m, positivement en p ; mais sa charge totale reste nulle puisque la quantité d'électricité qu'il contient ne varie pas.

Remarque I. — Si le conducteur B était relié au sol par une chaîne conductrice, l'électricité expulsée de la partie m du conducteur B par la pression de l'éther passerait dans le sol et ce conducteur serait chargé négativement dans toutes ses parties.

Remarque II. — Lorsque le conducteur isolé B est soumis à l'influence du corps A, électrisé positivement, les points de la partie m de ce conducteur exercent sur l'éther une dépression (6) qui détruit une partie de la surpression due à la charge du corps A, tandis que les points de la partie p de ce même conducteur exercent sur l'éther une surpression qui s'ajoute à celle produite par la charge de A ; c'est à ces actions combinées qu'est due la pression uniforme qui s'exerce sur l'électricité du conducteur.

Théorème de Faraday. — *Si une cavité fer-*

mée B, *située dans un corps conducteur isolé* A, *renferme des corps électrisés dont la charge totale soit* M, *ce corps conducteur prend sur sa surface intérieure une charge* — M *et sur sa surface extérieure une charge* + M.

Le théorème de Faraday est un cas particulier du phénomène général d'influence.

REMARQUE. — Si le conducteur A était relié au sol sa surface intérieure recevrait, encore, une charge — M ; sa surface extérieure prendrait l'état électrique du sol.

ÉCRAN ÉLECTRIQUE. I. — Un conducteur creux forme un écran qui protège les corps conducteurs, placés extérieurement, contre l'influence des corps électrisés situés dans la cavité.

II. — Une surface conductrice fermée protège les points intérieurs à la surface contre l'influence des points électrisés extérieurs.

En effet, dans tous les points situés à l'intérieur de la surface conductrice l'électricité et, par suite, l'éther ont une pression uniforme. Les forces électriques y sont donc nulles.

III. — Une plaque conductrice reliée au sol, forme un écran qui protège les corps situés d'un côté de la plaque contre l'influence d'un corps électrisé placé de l'autre côté.

IV. — Une plaque conductrice, isolée, ne protège pas les corps situés d'un côté de cette plaque contre l'influence d'un corps électrisé placé de l'autre.

En effet, dans ce dernier cas, le côté de la plaque opposé au corps électrisé prend une charge de même nom que celle du corps électrisé, et cette charge influence les corps qui sont placés en face d'elle.

On peut énoncer comme suit ces deux derniers paragraphes :

Un corps conducteur est transparent ou opaque pour l'électricité, suivant qu'il est ou n'est pas isolé.

10. — Action d'un conducteur électrisé sur l'éther

DENSITÉ ÉLECTRIQUE. — Dans la théorie que nous exposons l'électricité est une substance inerte ; elle ne joue un rôle que par son volume. La seule chose à considérer dans les phénomènes électriques est la charge positive ou négative d'un point pondérable ou d'un élément superficiel.

Nous représenterons la charge d'un élément conducteur très petit par l'épaisseur, positive ou négative, d'une couche uniforme ayant pour base l'élément et pour volume la somme des

charges de tous les points électrisés de cet élément. L'épaisseur, positive ou négative, de
cette couche, est la *densité* électrique de l'élément superficiel du conducteur. Cette densité,
si elle est positive, agit sur l'éther à la façon
d'un coin qui le soulève. La poussée qui cor-
respond à une densité μ est, si on la rapporte
à l'unité d'aire, représentée en grandeur et en
signe par $4\pi\mu$, où 4π est la valeur du coefficient d'élasticité de l'éther (6).

Pour préciser par des exemples l'action d'un
conducteur électrisé sur l'éther, examinons quelques cas simples, ceux où, pour des raisons de
symétrie, la surface du conducteur a une densité électrique uniforme.

CONDUCTEUR PLAN INDÉFINI. — Un conducteur
plan indéfini, électrisé positivement, exerce sur
toutes les couches d'éther qui lui sont parallèles
une poussée répulsive, normale à la surface de
la couche, constante lorsqu'on la rapporte à l'u-
nité de surface et proportionnelle à la densité
électrique du plan conducteur.

En effet, soit μ cette densité. La charge du
plan conducteur soulève toutes les couches
d'éther, parallèles au plan, de la même hauteur μ; elle exerce, donc, sur toutes, la même
poussée φ, par unité d'aire, et on a :

$$\varphi = 4\pi\mu$$

..Cette formule traduit la loi énoncée.

REMARQUE — La même loi s'applique, d'une façon sensiblement exacte, au cas où une portion de plan est, seule, électrisée.

CONDUCTEUR CYLINDRIQUE DE RÉVOLUTION INDÉ-FINI. — Ce conducteur exerce sur les couches d'éther de révolution autour de son axe une poussée, répulsive s'il est électrisé positivement, proportionnelle à sa densité électrique μ et inversement proportionnelle au rayon de la couche considérée.

Soient : R le rayon du conducteur cylindrique, R' le rayon de la couche, φ la poussée exercée par l'éther sur l'unité d'aire de cette couche et μ la densité électrique du conducteur.

La charge μ soulève la couche de rayon R' d'une épaisseur $\dfrac{R}{R'}\mu$.

Par suite, la poussée que cette couche exerce sur l'éther est :

$$\varphi = 4\,\pi\,\frac{R}{R'}\,\mu. \qquad\qquad \text{c.q.f.d.}$$

CONDUCTEUR SPHÉRIQUE. — Un conducteur sphérique, électrisé positivement, exerce sur les couches d'éther concentriques une poussée centrifuge proportionnelle à la densité électrique μ du conducteur et inversement proportionnelle au carré du rayon de la couche considérée.

Soient : R le rayon de la sphère conductrice, R' celui de la couche concentrique, φ la poussée normale exercée par l'éther sur l'unité d'aire de la couche. La densité μ du conducteur refoule la couche de rayon R' à la distance $\dfrac{R^2}{R'^2}\mu$.

Par suite, cette couche exerce sur l'éther une poussée centrifuge dont la valeur, par unité de surface est :

$$\varphi = 4\pi \times \frac{R^2}{R'^2}\mu. \qquad \text{c.q.f.d.}$$

11. — Théorème de Gauss

THÉORÈME DE GAUSS. — *Si une surface fer-mée* S, *tracée dans l'éther, renferme des points électrisés dont la charge totale soit* M, *l'éther exerce sur la surface* S *une poussée normale dont la valeur totale est* 4πM.

Lorsqu'on introduit dans la surface S des charges dont la valeur totale est M, l'éther inté-rieur subit, à la fois, un accroissement de pres-sion et un refoulement dont le volume est M. Par suite de ce refoulement, la surface S passe en S', et on a :

$$\text{Vol S'} - \text{Vol S} = M$$

Décomposons les surfaces S,S' en éléments très petits correspondants dS, dS', limités à la surface que forment les normales à la surface S conduites par les points du contour dS et, soit dM l'élément $(dS - dS')$; cet élément peut être assimilé à un cylindre dont la hauteur serait $\frac{dM}{dS}$. La poussée normale exercée sur l'éther par l'élément dS a donc pour valeur :

$$4 \pi \cdot \frac{dM}{dS} \times dS = 4 \pi \, dM.$$

La poussée normale totale J, exercée sur la surface S, est, par suite :

$$J = \int 4 \pi \, dM = 4 \pi M. \qquad \text{c.q.f.d.}$$

CHAPITRE V

POTENTIEL

12. — Le potentiel est la pression de l'éther

OBSERVATIONS GÉNÉRALES. — Pour obtenir une interprétation mécanique et physique du potentiel et des idées qui se rattachent à cette notion il nous suffira d'introduire nos hypothèses dans cette théorie.

Les forces électriques sont produites par les atomes électrisés ; cette simple remarque explique pourquoi elles rayonnent dans toutes les directions autour de leurs centres et varient en raison inverse du carré des distances. L'un quelconque des points qui forment le champ électrique actionne tous les points de l'éther ; ce champ donne, donc, lieu à des forces résultantes appliquées à chacune des molécules de l'éther et, puisque toutes les forces du champ émanent de points fixes et ne dépendent que de la distance à ces points, elles déterminent des surfaces de niveau électrique ou surfaces d'égale pression dont chacune est normale aux forces résultantes appliquées en ses points.

Ces surfaces de niveau électrique ne sont donc pas autre chose que des surfaces équipotentielles.

INTERPRÉTATION MÉCANIQUE DU POTENTIEL. — Ainsi, dans notre théorie, le *potentiel*, en un point de l'éther, est la pression produite, en ce point, par les forces du champ ; elle est positive ou négative suivant qu'elle agit pour accroître la pression normale de l'éther ou pour la diminuer.

Une surface *équipotentielle* est une surface où tous les points de l'éther subissent des pressions égales.

Nous avons vu que dans un corps conducteur, la pression de l'électricité, et par suite celle de l'éther, est la même en tous les points. Il suit de là que tous les points d'un même corps conducteur ont le même potentiel et que tous les points d'une même surface conductrice appartiennent à une même surface équipotentielle.

L'interprétation que nous venons de donner du potentiel et des surfaces équipotentielles explique très simplement les propriétées suivantes ;

I. — Lorsque deux corps conducteurs, ayant le même potentiel, sont mis en contact, il n'y a aucun mouvement d'électricité dans ces corps.

II. — Lorsque deux corps conducteurs, amenés au contact, ont des potentiels différents, l'électricité est chassée, par la pression qu'elle subit, du corps dont le potentiel est le plus haut dans celui dont le potentiel est le plus bas et, lorsque le contact a eu lieu, l'électricité des deux conducteurs se trouve ramenée au même potentiel, c'est-à-dire à la même pression.

III. — Lorsque dans un corps conducteur deux points sont maintenus à des potentiels différents, ce corps n'est pas en équilibre électrique et un courant d'électricité s'établit dans ce conducteur allant du point dont le potentiel est le plus élevé à celui dont le potentiel est moindre ; l'intensité du courant est, toutes choses égales d'ailleurs, proportionnelle à la différence des potentiels des deux points, c'est-à-dire à la différence des pressions de l'électricité en ces deux points.

RELATION ENTRE LA PRESSION DE L'ÉTHER ET L'INTENSITÉ DU CHAMP. — Donnons l'expression analytique de la pression en un point du champ.

Si on désigne par X, Y, Z les composantes de la valeur F du champ au point A $(x y z)$:

par V la pression ou potentiel de l'éther en ce point, on a :

$$(1) \quad dV = Xdx + Ydy + Z\,dz$$

Les composantes X, Y, Z sont égales aux dérivées partielles de la pression.

Si on égale à zéro les deux membres de l'équation (1) on obtient : d'une part, l'équation différentielle des surfaces équipotentielles ;

$$X\,dx + Y\,dy + Z\,dz = o$$

D'autre part, l'équation :

$$dV = o$$

qui exprime que sur une surface équipotentielle la pression est constante.

En prenant le plan xy, perpendiculaire à la force F, au point A, et en remplaçant dz par l'élément dn de la ligne de force, menée au point A, il vient :

$$(2) \quad dV = F\,dn, \text{ ou} : F = \frac{dV}{dn}$$

Cette formule exprime que l'intensité du champ est la valeur absolue de la dérivée de la pression considérée comme une fonction de la longueur comptée sur une ligne de forces.

13. — Oscillations électriques

Explication mécanique du phénomène. — P, Q sont les deux plateaux d'un condensateur

·et ces plateaux sont reliés par un fil conducteur
dans lequel on a pratiqué une coupure a b.
Nous nous plaçons dans le cas où, le condensateur étant chargé, les électricités qui recouvrent
ses deux plateaux vont se recombiner par une

série de décharges suc-
cessives faisant passer,
simultanément, les élec-
tricités positive et négative, d'un plateau sur
l'autre.

Les alvéoles du conduc-
teur Pa, chargé d'élec-

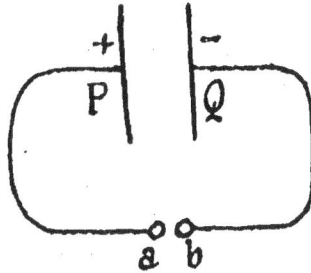

Fig 6.

tricité positive, sont dilatées et l'électricité
qu'elles renferment est soumise, dans ces alvéoles, à une surpression de l'éther, centripète et
supérieure à la normale. Les alvéoles du conducteur Qb, chargé négativement, sont contrac-
tées et l'électricité qu'elles contiennent s'y trouve
soumise à une dépression centrifuge.

Lorsque la différence des potentiels des deux
conducteurs Pa et Qb sera, en valeur relative,
suffisante pour vaincre la résistance opposée par
l'éther au passage de l'électricité, une étincelle
éclatera. Les alvéoles du conducteur Pa se con-
tracteront pour reprendre leur volume normal
en chassant l'électricité qui forme la charge de
ce conducteur ; cette électricité passera sur le

conducteur Q*b* dont les alvéoles se dilateront
pour la recevoir et reprendre leur volume normal.

Les alvéoles des points pondérables des deux
conducteurs ont des capacités variables ; leurs
contractions ou dilatations ne s'arrêteront pas au
point précis où ces alvéoles auront repris leurs
volumes normaux, l'inertie de l'éther prolongera
leurs mouvements, le conducteur P*a* se chargera négativement, le conducteur Q*b* positivement.

Les deux plateaux du condensateur ayant,
alors, échangé partiellement leurs charges pri-
mitives, une seconde étincelle éclatera de *b* vers
a, et chargera, positivement le conducteur P*a*,
négativement le conducteur Q*b*.

La même succession de phénomènes se répé-
tera à de courts intervalles jusqu'à décharge
complète du condensateur.

REMARQUE I. — Le phénomène des oscillations électriques est provoqué par l'inertie de
l'éther due à son élasticité.

REMARQUE II. — Il est inutile pour la produc-
tion du phénomène que les charges des deux
plateaux du condensateur soient égales, en valeur absolue et de signes contraires ; il suffit
que ces charges aient une différence suffisante ;
elles peuvent avoir même signe. En d'autres

termes le phénomène ne dépend que de la différence des potentiels qu'a l'éther aux deux extrémités de la coupure *ab*. C'est là une remarque
générale qui se renouvelle dans la plupart des
questions relatives à l'électricité.

REMARQUE III. — Si on adopte notre théorie
une des grandes difficultés de la théorie ordi-
naire se trouve écartée ; je veux parler des deux
courants d'électricités positive et négative qui
se rencontrent en parcourant le même trajet en
sens contraires, sans que les électricités positive et négative qui les constituent opèrent leur
combinaison. Cette difficulté se présente, non
seulement dans le phénomène des oscillations
électriques, mais encore, et à un plus haut degré,
dans celui des courants dynamiques.

Notre théorie explique, également, pour quel
motif les deux pôles d'un champ oscillant ne
présentent pas les mêmes apparences au moment où l'étincelle éclate entre ces deux pôles.
L'électricité sort de l'un des pôles, elle entre
dans l'autre.

CHAPITRE VI

COURANTS ÉLECTRIQUES

14. — Force électromotrice

DÉFINITION. — *La force électromotrice est celle qui provoque et maintient la circulation de l'électricité dans le fil conducteur d'un courant.*

Ses causes sont multiples ; nous allons étudier la nature de cette force dans la pile hydroélectrique.

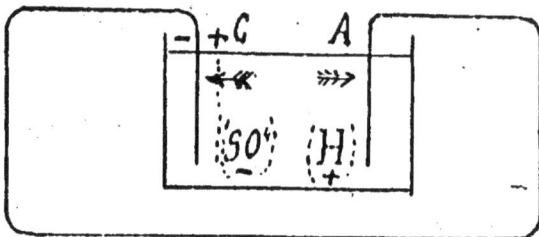

Fig. 7

PILE DE VOLTA. —

Sous l'influence de l'eau qui sert de dissolvant, un certain nombre d'atomes de l'électrolyte SO^4H se dissocient en radical SO^4 et métal H ; leurs éléments passent à l'état de ions et sont, uniformément, disséminés dans le liquide électrolytique.

Si, comme nous le supposons, le radical SO'a plus d'affinité pour le zinc que pour le cuivre, il se combine avec ce métal qui forme la cathode C, et nous pouvons négliger son action sur le cuivre qui forme l'anode A. Considérons la couche infiniment mince Z de l'électrolyte qui est en contact avec la cathode ; cette couche contenait, d'abord, autant de ions négatifs SO que de ions positifs H.

Les ions SO' de la couche Z se sont combinés avec la cathode zinc ; en effectuant cette combinaison ils ont perdu leurs qualités de ions, c'est-à-dire leurs charges négatives qu'ils ont abandonnées à la cathode.

A ce moment, il s'est créé dans l'électrolyte un champ intense entre la couche Z qui, renfermant un excédent de ions positifs, est chargée positivement et l'anode qui est, par le fil conjonctif, en communication avec la cathode chargée négativement.

Ce champ attire vers la couche Z, c'est-à-dire vers la cathode, les ions SO' et repousse vers l'anode les ions H. Les premiers déposent leurs charges négatives sur la cathode, les seconds leurs charges positives sur l'anode. Il se forme ainsi un courant marchant dans le fil de l'anode vers la cathode.

La force électromotrice de la pile est la force de compression produite par les alvéoles des ions positifs lorsqu'elles abandonnent leurs charges à l'anode, augmentée de la force d'aspiration des ions négatifs dont les alvéoles reprennent leur état normal en absorbant, à la cathode, l'électricité qui leur manque.

En résumé, les ions positifs remplissent, à l'anode, le rôle de pompes foulantes qui y amènent de l'électricité sous pression, et les ions négatifs remplissent le rôle de pompes aspirantes qui enlèvent à la cathode l'électricité introduite dans le fil conjonctif par l'anode.

LE FIL CONJONCTIF CONTIENT TOUJOURS LE MÊME VOLUME D'ÉLECTRICITÉ. — En effet, les ions positifs qui portent leurs charges positives à l'anode et les ions négatifs qui perdent leurs charges négatives à la cathode sont en nombre égal et ces charges, positives et négatives, ont même valeur absolue.

Le fil conducteur du courant renferme donc un volume d'électricité invariable.

LOI DE OHM. — Lorsque la pile a atteint sa période de fonctionnement régulier les points pondérables du fil sont chargés, positivement à l'anode, négativement à la cathode. Ces charges vont en décroissant, régulièrement, dans le fil conjonctif, de l'anode à la cathode si ce fil est homogène et a un diamètre constant ; les tensions électriques des points du fil conjonctif sont les forces électromotrices de ces points.

La loi de décroissance des charges des points du fil entre les deux pôles de la pile constitue la loi de Ohm.

15. — Électrolyse

DESCRIPTION DU PHÉNOMÈNE. — Dans la pile de Volta le courant est produit par la décomposition d'un électrolyte. Réciproquement, si un courant traverse un électrolyte cet électrolyte est décomposé. Soient : A et C l'anode et la cathode de la pile génératrice d'un courant ; A' et C' l'anode et la

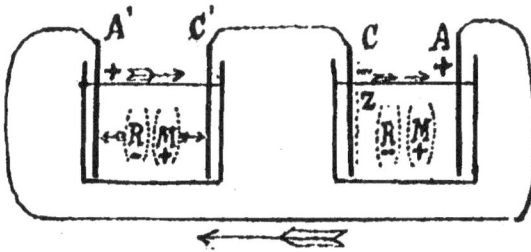

Fig. 8

cathode, toutes deux en platine, de l'auge à électrolyse ; (RM), (R'M') les deux électrolytes, monavalents, contenus dans la pile et dans l'auge : R, R' sont les radicaux, M, M' sont les métaux de ces deux électrolytes.

Sous l'influence des liquides dissolvants, les électrolytes se dissocient en ions négatifs R, R' et en ions positifs M, M'; l'expérience démontre que ces ions portent tous, des charges égales en valeur absolue. Dans la pile, les ions positifs se portent, comme nous le savons, à l'anode, les ions négatifs à la cathode ; et ces électrodes communiquent leurs charges, positive et négative, à l'anode A' et à la cathode C' de l'auge dans laquelle ils déterminent un champ électrique qui dirige les ions positifs M' vers la cathode C' et les ions négatifs R' vers l'anode A' de l'auge. Ces ions y déposent leurs charges respectives et ces charges détruisent les charges de noms contraires qui s'y trouvent.

De là découle la conséquence : « si un équivalent est décomposé dans la pile pour former le courant un équivalent est aussi décomposé dans l'auge pour lui permettre de la traverser ».

REMARQUE. — La théorie que nous venons d'exposer est due au professeur Svante Arrhénius, elle s'adapte à nos hypothèses d'une façon très naturelle.

16. — Action d'un courant sur l'éther

Après avoir établi les lois suivant lesquelles deux courants agissent, l'un sur l'autre, il nous reste à faire connaître une propriété caractéristique des courants.

THÉORÈME. — *Lorsqu'un courant parcourt un circuit fermé, un courant d'éther circule, extérieurement le long du circuit, dans le même sens que le courant intérieur*. Soient : AmnB un cir-

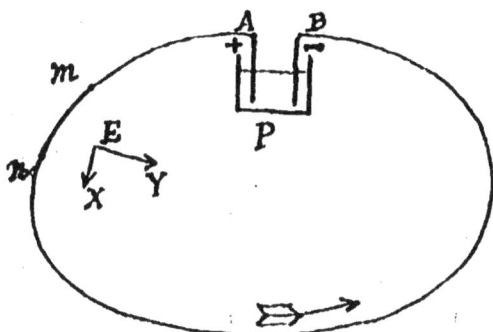

Fig., 9

cuit conducteur fermé par la pile P ; E un point de l'éther sur lequel agit le courant ; *mn* la portion du circuit dont l'action est sensible au point E. Cet arc sera petit car les charges des points du courant sont faibles, et il pourra être assi-milé à une ligne droite ayant ses extrémités sensiblement équidistantes du point E.

L'élément *mn* exerce sur le point E une action qui se réduit à deux composantes, l'une Y, perpendiculaire sur le milieu de l'arc *mn*, l'autre X, parallèle à la direction *mn*. La composante Y est détruite par la résistance de l'éther dont elle modifie la tension, l'autre X, a, dans

tous les cas possibles, le sens du courant qui
parcourt *mn*, parce que les charges des points
de cet élément varient toujours, en valeur relative, dans un même sens qui est le sens du courant ; de plus, elle est sensiblement constante
pour tous les points qui sont à une même distance du circuit conducteur, si ce circuit est un
fil homogène de diamètre constant. La composante X imprime donc, à l'éther, le long d'un
contour fermé parallèle au conducteur, une
poussée constante dans le sens du courant.

Cette poussée ayant lieu en tous les points
d'un contour fermé, tangentiellement à ce contour, et toujours dans le même sens, tend à
faire circuler l'éther sur le contour.

CHAPITRE VII

ACTIONS ÉLECTRODYNAMIQUES

17. — Actions mutuelles de deux solénoïdes

REMARQUE GÉNÉRALE. — Pour déduire de nos hypothèses les lois des actions électrodynamiques, nous avons d'abord étudié ces actions dans le solénoïde qui a l'avantage de présenter une grande symétrie de formes et de mettre en jeu des forces indéfiniment croissantes avec le nombre des spires qui le composent.

DISTRIBUTION DE L'ÉLECTRICITÉ DANS UN SOLÉNOIDE. — Considérons le solénoïde Σ dont l'axe rectiligne indéfini est XY et dont les pôles nord, sud, sont : N, S.

Représentons les spires de ce solénoïde par des portions de droite, égales, équidistantes et perpendiculaires à XY en leurs points milieux ; supposons que tous les points électrisés d'une même spire aient des charges égales, uniformément décroissantes quand on passe d'une spire à la suivante, en allant dans le sens du courant, c'est-à-dire du pôle sud au pôle nord ; suppo-

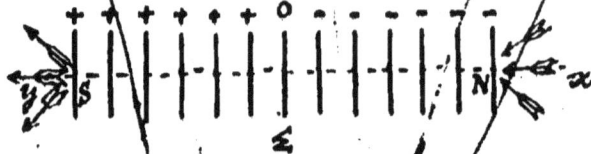

Fig. 10

sons, enfin, pour plus de simplicité que les extrémités des spires terminales, sud et nord, coïncident avec les pôles positif et négatif de la pile génératrice du courant.

Les spires du solénoïde étant chargées, positivement du côté du pôle sud, négativement du côté du pôle nord, l'éther est soumis, dans le voisinage du pôle sud, à une tension centrifuge et dans le voisinage du pôle nord à une tension centripète. Ces tensions prennent leurs valeurs maxima aux pôles sud et nord.

Les pôles sud et nord d'un solénoïde agissent, donc, sur l'éther comme deux points électrisés, le premier positivement, le second négativement et ils en ont les propriétés.

De là nous pouvons conclure :

THÉORÈME. — *Les pôles de même nom de deux solénoïdes se repoussent, leurs pôles de noms contraires s'attirent.*

REMARQUE. — La démonstration précédente

subsiste lorsque les spires terminales nord et sud
sont à des distances inégales des pôles négatif
et positif de la pile dont le courant circule dans
le solénoïde.

En effet, le potentiel du pôle nord du solénoïde est toujours moindre que le potentiel de
son pôle sud et ces deux pôles agissent sur l'é-
ther par la différence de leurs potentiels.

AUTRE ÉNONCÉ DES LOIS D'ATTRACTION OU DE
RÉPULSION. — Lorsque les pôles de noms contraires de deux solénoïdes sont placés en face
l'un de l'autre, les courants, dans ces deux solénoïdes, ont un même sens de rotation autour de
leur axe commun. Lorsque les pôles de même
nom sont en présence les courants, dans ces
deux solénoïdes, tournent en sens contraires
autour de leur axe commun.

Le théorème précédent peut, donc, s'énoncer
ainsi :

*Deux solénoïdes mis en présence par leurs
spires terminales s'attirent ou se repoussent suivant que les courants sont, dans ces spires, de
même sens ou de sens opposés.*

Ce théorème étant vrai quel que soit le nombre des spires de chaque solénoïde, l'est, encore,
lorsque chacun d'eux se réduit à une seule
spire.

De là on déduit :

18. — Actions mutuelles de deux courants

THÉORÈME. — *Deux courants circulaires, mis en face l'un de l'autre, s'attirent ou se repoussent, suivant qu'ils ont même sens ou des sens opposés.*

REMARQUE I. — Le théorème s'étend à deux courants de forme quelconque.

REMARQUE II. — Un courant étant toujours fermé il n'y a pas lieu de considérer des courants rectilignes qui ne peuvent agir indépendamment des portions de courant qui les complètent ; cependant on peut énoncer quelques règles utiles dans le cas où certaines parties de deux circuits exercent, l'une sur l'autre, des actions prépondérantes. Ces règles sont des conséquences du théorème précédent ; elles se démontrent en considérant des courants dans lesquels les parties agissantes se réduisent, pour chacun d'eux, à une seule portion de droite.

RÈGLE I. — *Deux courants rectilignes parallèles s'attirent ou se repoussent suivant qu'ils ont même sens ou des sens opposés.*

RÈGLE II. — *Deux courants rectilignes angulaires, mobiles, tendent à se placer dans des directions où ils seront parallèles et de même sens.*

Considérons deux courants fermés rectangulaires ABCDE, A'B'C'D'E', mobiles autour de leurs côtés verticaux AB, A'B'.

Les deux circuits s'attirent lorsque les cou-

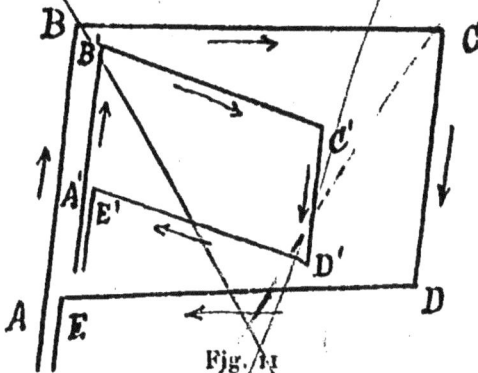

Fig. 11

rants qui parcourent AB et A'B' sont de même sens ; ils se repoussent dans le cas contraire.

Si les deux circuits ont été disposés de telle sorte que les seules parties des courants qui agissent soient CD et C'D', ces deux courants se rapprochent et la première partie de la règle I est démontrée. On procède, pour démontrer les autres parties, d'une manière analogue.

REMARQUE. — Ces règles I et II peuvent se démontrer d'une façon directe et très simple en s'appuyant sur le théorème du paragraphe (16) *Action d'un courant sur l'éther.*

19. — Action d'un courant rectiligne sur un solénoïde

THÉORÈME. — *Si un courant rectiligne agit sur un solénoïde, mobile autour de son centre de gravité, ce solénoïde se place en croix avec le courant, de telle sorte que son pôle nord soit à la gauche du courant rectiligne.*

Nous avons, ici, à considérer un cas particulier de l'action de deux solénoïdes.

Lorsque l'équilibre sera établi, le courant qui

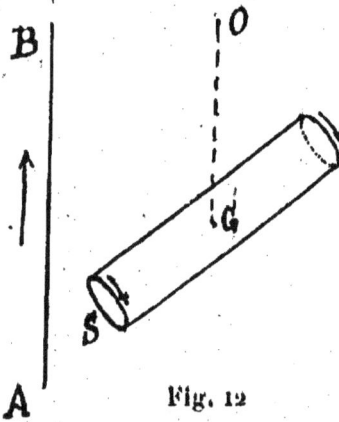

Fig. 12

circule dans les spires du solénoïde et celui qui circule dans le fil du courant rectiligne seront, dans leurs parties voisines, parallèles et de même sens. Pour qu'il en soit ainsi, l'axe du solénoïde devra se placer dans une direction

orthogonale à celle du courant fixe et le pôle
nord du solénoïde devra être à la gauche du
courant.

20. — Champ électromagnétique
d'un courant

Lorsqu'on recouvre de limaille de fer une
feuille de papier dont le plan est perpendiculaire
à la direction d'un courant, le courant d'éther
qui circule autour du fil conducteur de ce cou-

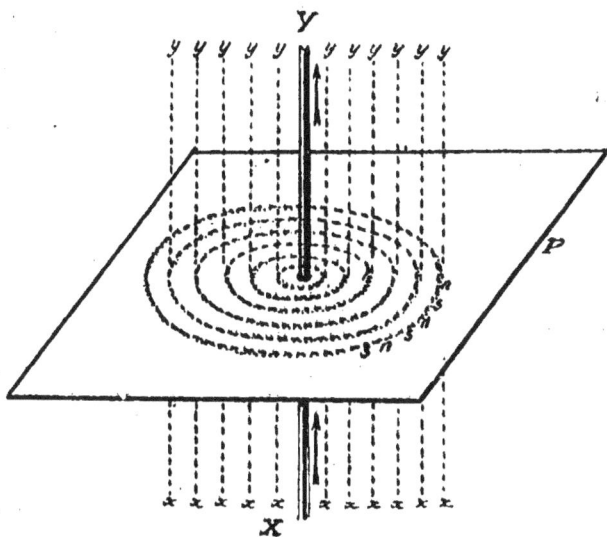

Fig. 13

rant (16) et dans le même sens que ce courant
aimante la limaille qu'il traverse ; cette limaille
se place alors en croix avec le courant, le pôle

nord à gauche ; les morceaux de limaille se jux-
taposent par leurs pôles de noms contraires et
forment, ainsi, sur la feuille de papier, des cer-
cles concentriques à la trace du fil conducteur
sur le plan de la feuille.

Ainsi se trouve expliqué d'une façon simple
et rationnelle, un phénomène qui, jusqu'ici,
paraissait en contradiction absolue avec l'idée
que nous avons du sens dans lequel doit agir
une force. En d'autres termes, l'interprétation
que nous donnons rend compte de la direction
du champ électromagnétique, créé par un courant.

21. — Induction

Phénomène fondamental. — Soient : ABC, un
fil conducteur d'un courant dont le sens est $\overline{ABC}$
$A_0B_0C_0$ un fil conducteur fermé, placé en face
du courant.

Les points chargés du fil conducteur agissent
par influence sur le fil $A_0B_0C_0$ et lui impri-
ment un état électrique de sens contraire à celui
du courant.

Cela dit : 1° rapprochons le fil $A_0B_0C_0$ du fil
ABC, les charges de tous les points de ce premier fil croîtront, en valeur absolue, pendant la
durée de ce rapprochement, ce qui revient à

dire que, pendant cette durée, un courant électrique d'intensité croissante parcourt le conducteur mobile dans le sens $C_0B_0A_0$, c'est-à-dire
dans un sens inverse de celui du courant inducteur.

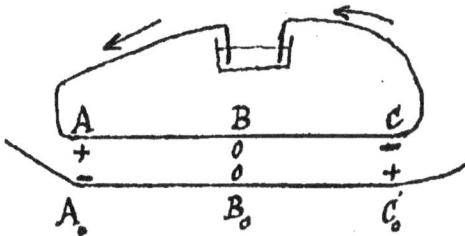

Fig. 14

2° Eloignons le fil $A_0B_0C_0$ du fil inducteur
ABC, les charges de tous les points de ce fil
décroîtront, en valeur absolue, ce qui revient à
dire qu'un courant dont le sens est celui de
$A_0B_0C_0$, parcourt le fil induit pendant qu'il s'éloi-
gne du fil inducteur. De là nous concluons:

THÉORÈME. — *Si on approche ou si on éloi-
gne un circuit conducteur d'un autre circuit
parcouru par un courant, ce circuit conducteur
sera parcouru par un courant induit, de sens
opposé à celui du courant inducteur ou de même
sens, suivant que les deux circuits seront rap-
prochés ou éloignés l'un de l'autre. Le courant
s'arrête dès que les deux circuits cessent de se
rapprocher ou de s'éloigner.*

CHAPITRE VIII

VITESSE DE LA LUMIÈRE

La théorie des *Forces de la Nature* repose sur ce fait d'observation, dont nous nous sommes servis pour établir les propriétés de l'éther, que la transmission de la force de gravitation est instantanée ou plutôt qu'elle s'effectue avec une vitesse incomparablement plus grande que celle de la lumière.

Nous devons indiquer les raisons mécaniques qui rendent compte de ces différences de vitesse.

Ces raisons paraissent se résumer dans la double observation suivante :

1° La gravitation est le résultat d'un phénomène qui s'accomplit d'une façon continue, sans exciter les vibrations de l'éther.

A mesure qu'une molécule d'éther se désintègre les molécules voisines dont la dureté est absolue viennent, sans jamais perdre le contact, prendre sa place, et toutes les molécules de l'éther participent, simultanément, à ce mouvement.

2° La transmission de la lumière est due à la vibration de l'éther.

Indiquons-en le mécanisme.

L'atome lumineux exécute environ cinq cents trillons de vibrations par seconde et il les transmet à l'éther.

A chaque demi oscillation de l'atome, sa vitesse part de zéro, croît, passe par un maximum puis redevient nulle.

Dans la première phase, l'éther est frappé ; il oppose une résistance à l'atome en vertu de son inertie (3) qui l'empêche de s'adapter immédiatement à la vitesse de l'élément vibrant ; dans la seconde, la vitesse acquise de l'éther s'oppose à la diminution de vitesse de l'atome.

L'éther entre, ainsi, en vibration et sa première vibration est en retard sur la première vibration de l'atome. Cette première vibration de l'éther est transmise à la couche d'éther adjacente avec un nouveau retard égal au précédent. Ainsi les vibrations de l'éther se suivent à des intervalles très petits, mais finis, et parcourent ce fluide avec une vitesse finie que les observations astronomiques et les expériences directes ont démontré être de 3oo.ooo km. à la seconde.

Brisset   4.

CHAPITRE IX

CONCLUSIONS

Par le rapide exposé que nous venons d'en donner, le lecteur a pu se faire, nous l'espérons, une opinion exacte sur notre théorie.

Il a vu que l'éther est la matière par excellence, le substratum qui fournit les éléments de tous les corps de la nature.

L'éther ne possède aucune propriété active, proprement dite ; il n'agit que par le volume invariable de ses molécules, par la faculté qu'elles ont, lorsqu'elles arrivent à la surface d'un atome pondérable, de se subdiviser ou désintégrer en éléments qui constituent les particules électriques.

Il agit, surtout, par la pression normale qui maintient ses molécules, au contact et par son élasticité qui permet à l'atome pondérable de subir des variations de volume et de pression en rapport avec la charge qu'il porte.

Non seulement l'éther fournit à l'atome pondérable le tissu dont il est formé ; il lui fournit encore la force qui l'anime.

Toutes les forces de la Nature ont pour origine l'énergie transmise à l'atome pondérable par les molécules d'éther que pousse la pression normale lorsqu'elles disparaissent à la surface de cet atome.

Cette énergie est, d'une part, employée à faire circuler les astres dans leurs orbites ; d'autre part, elle est absorbée par l'atome, et là, elle donne naissance à des actions moléculaires de toute nature : (masse, forces de cohésion, forces magnétiques, etc.)

Telle est, présentée aussi simplement que nous avons pu le faire, une théorie qui n'admettant d'autres hypothèses que l'éther et la constitution supposée des corps pondérables, fait découler de ces seules prémisses, les lois de la gravitation, la nature de la masse et de l'inertie des corps pesants, donne, enfin, l'interprétation mécanique de tous les phénomènes de l'électricité.

FIN

ERRATA

Page 12, lignes 27, 28 permutez : se ralentit, s'accélère.

Page 19 et fig. 1 , au lieu de Av, At, lire : $\triangle v$, $\triangle t$.

Page 48, fig. 7 ; inscrivez Z à coté du trait pointillé.

Page 55 ; remplacez les paragraphes 17, 18, par :

17 — *Actions mutuelles de deux courants.*

Théorème - Deux courants angulaires s'attirent ou se repoussent suivant que l'angle de leurs directions est aigu ou obtus. — En effet, si f est la direction résultante suivant laquelle ces courants sollicitent une molécule de l'éther, les deux courants sont, eux-mêmes, sollicités à se placer dans des directions parallèles à f et de même sens.

Théorème - Deux courants parallèles s'attirent ou se repoussent suivant qu'ils ont ou n'ont pas même sens.

18 — *Actions mutuelles de deux solénoïdes.*

Deux solénoïdes s'attirent ou se repoussent suivant que leurs pôles en présence ont des noms différents ou même nom. En effet, dans le premier cas, les courants des solénoïdes tournent dans le même sens et s'attirent; dans le second, ils tournent en sens opposés et se repoussent.

TABLE DES MATIÈRES

Imprimerie Jouve et Cⁱᵉ, 15, rue Racine, Paris